Die unglaubliche Reise zu den Planeten

Nicholas Harris

illustriert von
Sebastian Quigley und Gary Hincks

Tessloff Verlag

INHALT

◆ Die Milchstrasse ◆

Kommst du mit auf eine Reise, die Milliarden von Kilometern weit in den Weltraum führt, zu den Planeten unseres Sonnensystems? Wir brauchen dazu kein Raumschiff. Allein der Hin- und Rückflug würde sonst ein Leben lang dauern. Noch viel, viel länger wären wir zu den Sternen unterwegs. Die Entfernung ist so groß, dass wir sie in Lichtjahren messen. Licht legt in einer Sekunde rund 300 000 km zurück, und in einem Jahr – einem Lichtjahr – sind das 9 460 528 405 000 km. Der nächste Stern, Proxima Centauri, ist von der Erde 4,2 Lichtjahre entfernt. Ein Überschall-Jet wäre fünf Millionen Jahre unterwegs, um diesen Stern zu erreichen!

An unserem Nachthimmel sehen wir aber Tausende von Sternen, von denen die meisten noch viel weiter weg sind als Proxima Centauri. Sie alle gehören zu der Galaxis der Milchstraße, einer gigantischen, flachen Spirale von Sternen, die sich zusammengefunden haben. Der Name Milchstraße beschreibt dem schwach leuchtenden Lichterstreifen, den wir in klaren Nächten erkennen. Da wir von der Erde aus seitlich auf die Galaxis und ihre spiralförmigen Arme blicken, sehen wir sie als Band („Straße"). Unsere Sonne ist nichts anderes als einer der 200 Milliarden Sterne der Milchstraße, deren Durchmesser man auf 100 000 Lichtjahre schätzt. Sie befindet sich etwa auf halber Strecke vom Kern der Galaxis nach außen. Die Milchstraße ist so groß, dass sie mehr als 200 Millionen Jahre für eine Drehung braucht, obwohl sie mit einer Geschwindigkeit von 250 Millionen km/s rotiert.

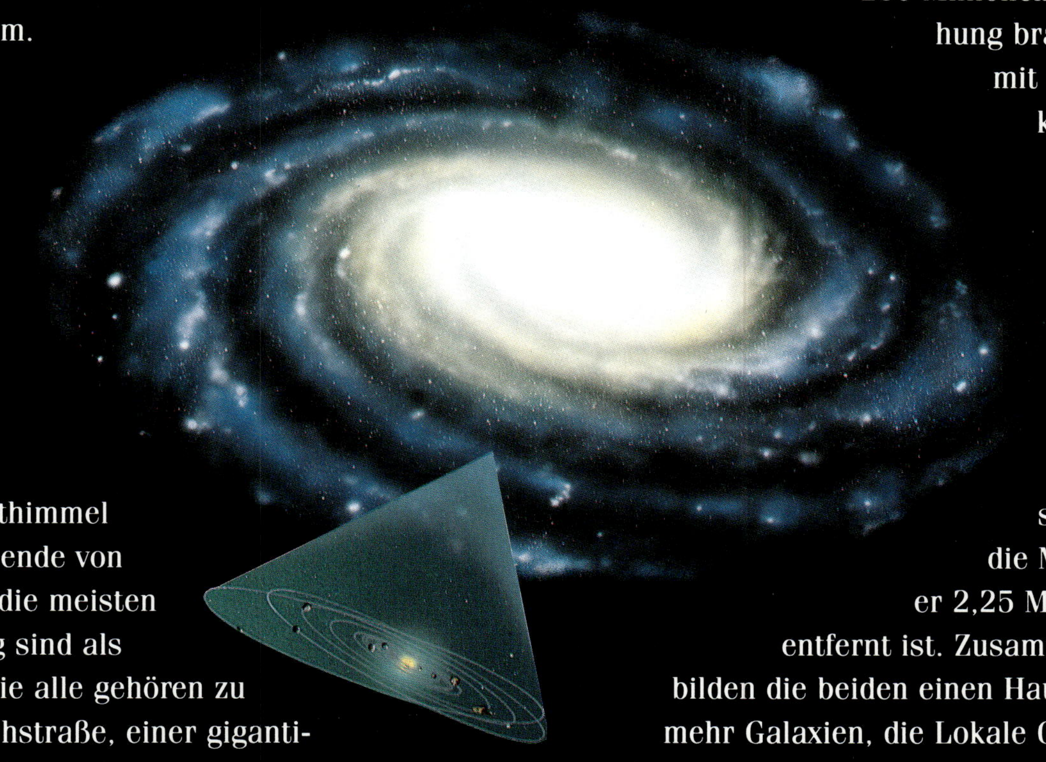

Mit bloßem Auge können wir nachts noch drei andere Galaxien sehen. Eine davon, der Andromedanebel, sieht ähnlich aus wie die Milchstraße, von der er 2,25 Millionen Lichtjahre entfernt ist. Zusammen mit weiteren bilden die beiden einen Haufen von 30 oder mehr Galaxien, die Lokale Gruppe. Noch weiter draußen existieren Milliarden zusätzlicher Galaxien mit Milliarden von Sternen, die das Universum bilden.

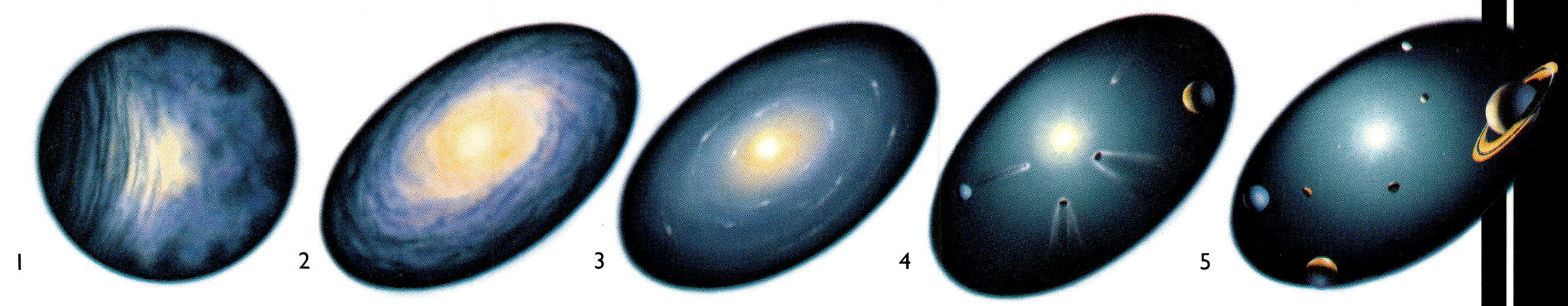

Unsere Sonne entstand vor 4,6 Milliarden Jahren aus Staub und Gas, die im All trieben (1) und sich zu einer rotierenden Scheibe verdichteten (2). Der Knubbel in der Mitte ist die junge Sonne. Die Staubteilchen rundherum stießen zusammen. Erst bildeten sie kleine Steine, dann Brocken, die zuletzt kilometergroß wurden: die so genannten Planetesimale (3). Im Laufe der Zeit wurden daraus die vier inneren Planeten, Merkur, Venus, Erde und Mars, und die festen Kerne der äußeren Planeten oder „Gasriesen", Jupiter, Saturn, Uranus and Neptun (Pluto war vielleicht zunächst ein Mond, der seinem Planeten entkommen ist). Der Sonnenwind *(siehe S. 6)* trieb viel von dem übrigen Staub und Gas davon (4), wobei die Gasriesen ihre dichte Atmosphäre behalten haben (5).

• Das Sonnensystem •

Der Stern, den wir Sonne nennen, bildet die Mitte des Sonnensystems, einer Ansammlung von unterschiedlich großen Himmelskörpern, die sie umkreisen oder umlaufen. Es sind: die neun Planeten, die wir auf unserer Reise besuchen werden (darunter unser Planet Erde), deren (61 bekannten) Monde, die Asteroiden, Kometen, Meteoriden und riesige Mengen Gas und Staub. Mit ihrer – im Vergleich zu dem Rest ihrer Familie – gewaltigen Masse hat die Sonne das nötige Schwerefeld, um alle Planeten und anderen Körper auf einer Umlaufbahn zu halten.

Alle Planeten umlaufen die Sonne in derselben Richtung (hier gegen den Uhrzeigersinn dargestellt) und auf elliptischen Bahnen (mehr oval als kreisrund). Plutos Ellipsenbahn ist am extremsten: Sie verläuft zeitweise innerhalb der Bahn des Neptun. Die Bahnen von sieben der Planeten liegen mehr oder minder auf einer Ebene. Nur Merkur und Pluto haben stark geneigte Umlaufbahnen.

Wo endet das Sonnensystem und wo beginnt der äußere Weltraum? Pluto, der äußerste Planet, ist an seinem sonnenfernsten Punkt über 7 Milliarden km von ihr entfernt. Aber der Einfluss der Sonne reicht viel weiter. Ständig gehen von ihr elektrisch geladene Teilchen aus, die den Sonnenwind bilden. Während sie sich mit 400 km/s von der Sonne entfernen, erzeugen sie in der Heliosphäre Magnetfelder und elektrische Ströme. Die Heliosphäre reicht bis in eine Ferne von 18 Milliarden km von der Sonne. Wo sie endet, endet auch unser Sonnensystem.

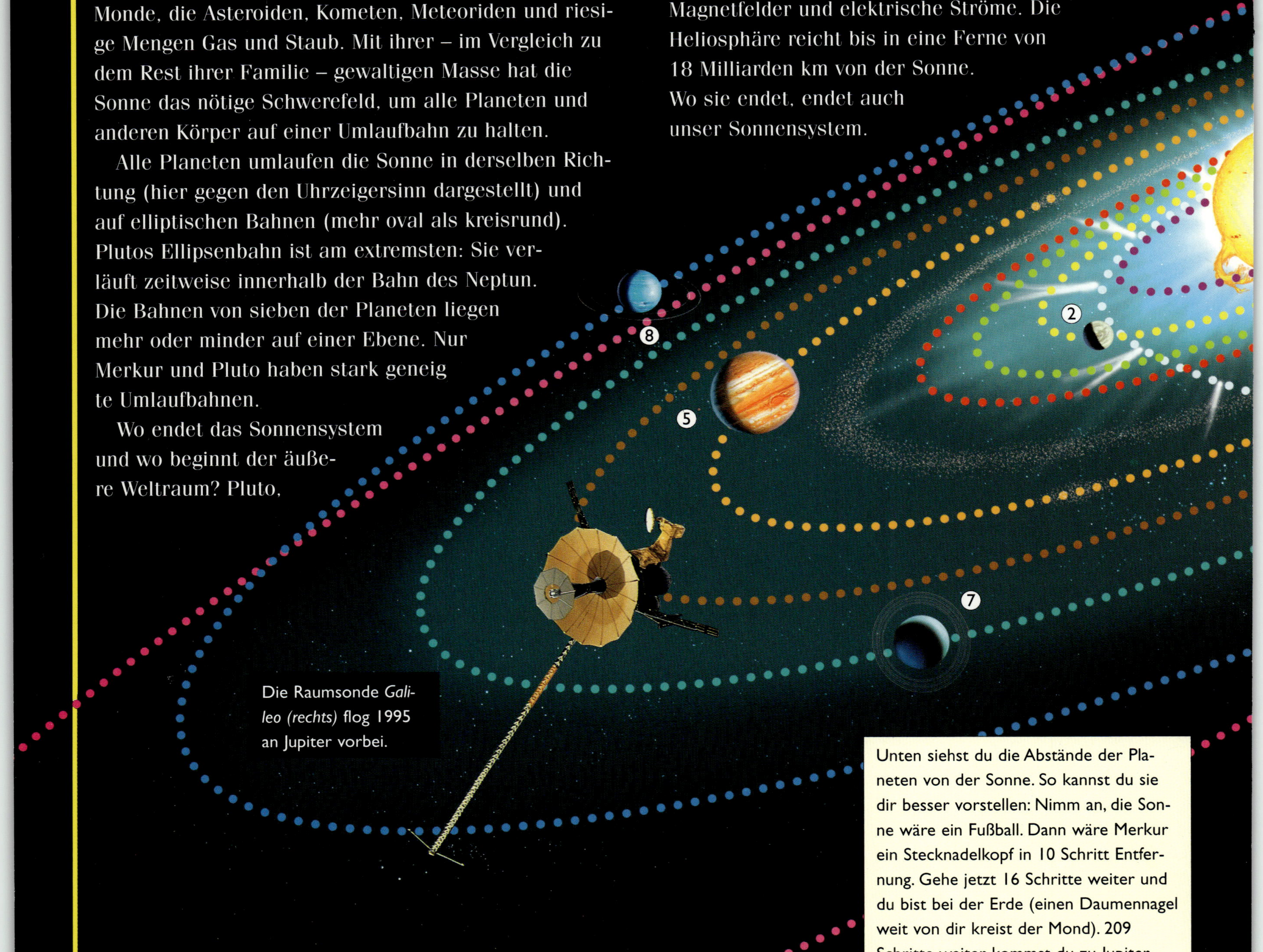

Die Raumsonde *Galileo (rechts)* flog 1995 an Jupiter vorbei.

Unten siehst du die Abstände der Planeten von der Sonne. So kannst du sie dir besser vorstellen: Nimm an, die Sonne wäre ein Fußball. Dann wäre Merkur ein Stecknadelkopf in 10 Schritt Entfernung. Gehe jetzt 16 Schritte weiter und du bist bei der Erde (einen Daumennagel weit von dir kreist der Mond). 209 Schritte weiter kommst du zu Jupiter und von dort mit 884 Schritten zu Pluto.

Unser Wissen über das Sonnensystem verdanken wir zum großen Teil unbemannten Raumsonden. Sie waren schon bei allen Planeten außer Pluto und haben uns Bilder und Daten zur Erde geschickt.

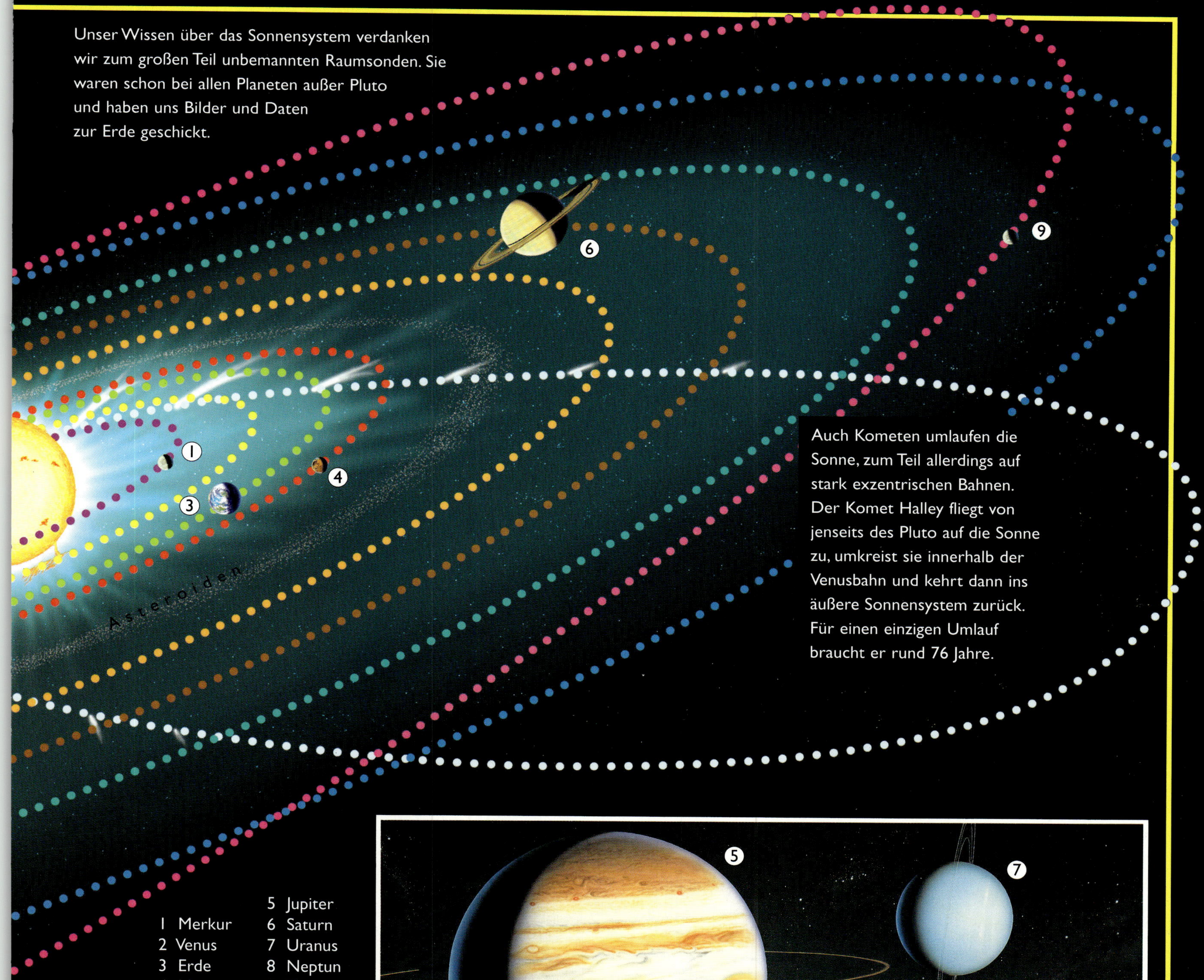

Auch Kometen umlaufen die Sonne, zum Teil allerdings auf stark exzentrischen Bahnen. Der Komet Halley fliegt von jenseits des Pluto auf die Sonne zu, umkreist sie innerhalb der Venusbahn und kehrt dann ins äußere Sonnensystem zurück. Für einen einzigen Umlauf braucht er rund 76 Jahre.

1 Merkur
2 Venus
3 Erde
4 Mars
5 Jupiter
6 Saturn
7 Uranus
8 Neptun
9 Pluto

Hier sind alle neun Planeten im Maßstab zueinander abgebildet. Die vier erdähnlichen inneren Planeten Merkur, Venus, Erde und Mars verschwinden fast neben den Gasriesen Jupiter, Saturn, Uranus und Neptun, die relativ kleine Kerne haben und hauptsächlich aus Gas bestehen. Pluto ist ein Sonderfall, ein kleiner äußerer Planet aus gefrorenen Gasen und Gestein.

Sonne

UNSERE REISE beginnt im Herzen des Sonnensystems. Für uns steht die Sonne groß und gleißend am Himmel, größer und heller als alle anderen Sterne. Das liegt daran, dass sie der Erde besonders nahe ist.

Wie alle Sterne ist die Sonne ein unfassbar großer rotierender Ball aus glühend heißen Gasen, nämlich Wasserstoff und Helium. Von Nahem *(unten)* sieht man, dass die Oberfläche nicht glatt und fest ist, sondern aus brodelndem Gas besteht. Dabei ist dieser Teil, die so genannte Photosphäre, mit einer mittleren Temperatur von etwa 5500°C noch am kühlsten. Von Zeit zu Zeit schießen Feuerzungen (Protuberanzen) und Sonnenflares empor. Anderswo entstehen und vergehen mit den Jahren dunklere kühlere Stellen, die Sonnenflecken. An ihnen tritt das solare Magnetfeld aus der Oberfläche.

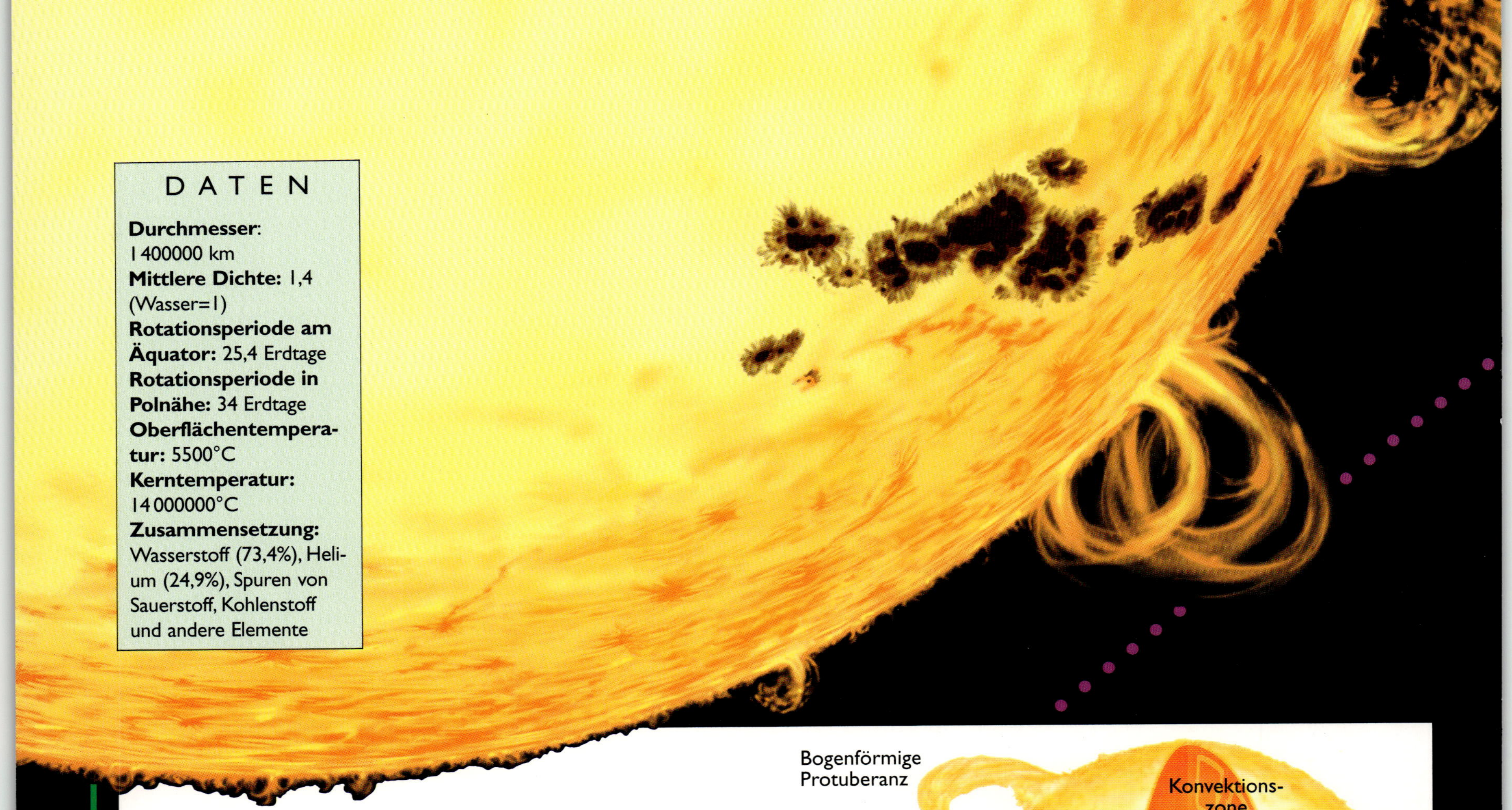

DATEN

Durchmesser: 1400000 km
Mittlere Dichte: 1,4 (Wasser=1)
Rotationsperiode am Äquator: 25,4 Erdtage
Rotationsperiode in Polnähe: 34 Erdtage
Oberflächentemperatur: 5500°C
Kerntemperatur: 14000000°C
Zusammensetzung: Wasserstoff (73,4%), Helium (24,9%), Spuren von Sauerstoff, Kohlenstoff und andere Elemente

Im Zentrum der Sonne befindet sich ihr (mit rund 14 000 000 °C) unvorstellbar heißer Kern, in dem der Druck das etwa 200 Millionenfache beträgt wie auf der Erde. Hier im Kern laufen die thermonuklearen Reaktionen ab, bei denen Wasserstoffatome zu Helium verschmelzen. Die dabei freigesetzte Energie wird in Form von Sonnenlicht und Wärme abgestrahlt.

Die Energie drängt vom Kern durch die Strahlungszone in die Konvektionszone, aus der heißes turbulentes Gas zur Oberfläche aufsteigt, abkühlt, sinkt, wieder erhitzt wird und erneut aufsteigt – ein ewiger Kreislauf. Die Energie wird zur Sonnenoberfläche (Photosphäre) geleitet, von wo aus sie durch die Sonnenatmosphäre (Chromosphäre) abgestrahlt wird. Die schimmernde äußere Atmosphäre (Korona) können wir mit bloßem Auge nur bei einer totalen Sonnenfinsternis beobachten, wenn der Mond die Sonne verdeckt.

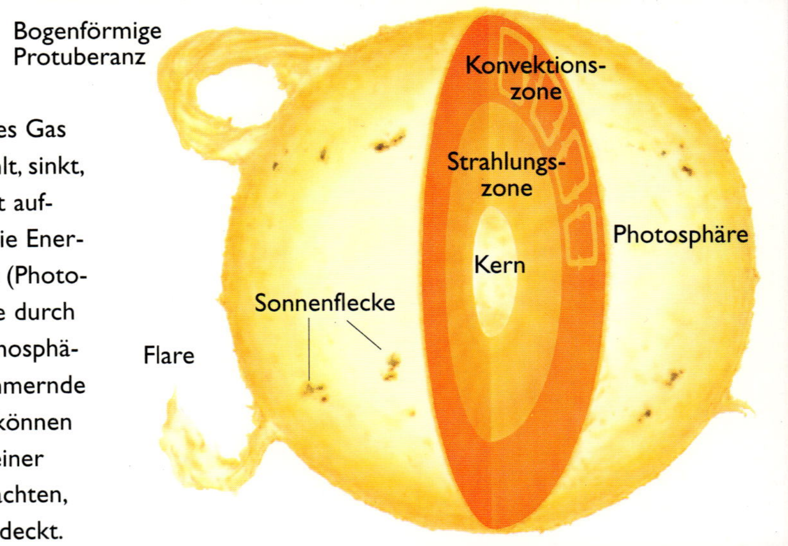

• KOMETEN •

FRÜHER ODER SPÄTER wird ein Reisender im Sonnensystem wahrscheinlich einem Kometen begegnen. Von Zeit zu Zeit haben wir ja auch auf der Erde Gelegenheit, einen Kometen am Nachthimmel zu sehen – ein dramatisches Schauspiel.

Ein Komet besteht aus einem kartoffelförmigen Staubkern von ein paar Kilometer Durchmesser. Der Staubkern wird durch gefrorene Gase und Wassereis zusammengehalten. Diese verdampfen bei der Annäherung an die Sonne und bilden den zweifachen Schweif, der vom Strahlungsdruck der Sonne nach außen getrieben wird und sich über Milliarden von Kilometer erstreckt. Wie die Planeten und Asteroiden umlaufen Kometen die Sonne, allerdings auf elliptischen Bahnen, die noch gestreckter sind als die des Pluto.

Der englische Astronom Edmond Halley (1656–1742) fand als erster heraus, dass sich Kometen auf Umlaufbahnen bewegen. Ihm zufolge waren die 1531 und 1607 registrierten Kometen und der, den er selbst im Jahre 1682 beobachtete, ein und derselbe. Er sagte seine Wiederkehr für 1758 voraus. Und wirklich erschien der Halleysche Komet, wie er heute heißt, am 25. Dezember 1758.

Kometen können gefährlich sein. Im Juli 1994 ging der Komet Shoemaker-Levy auf den Jupiter nieder und erzeugte beim Aufprall einen gewaltigen Feuerball.

Ein Komet hat einen geraden Gasschweif und einen breiteren, geschwungenen Staubschweif. Beide wachsen, je näher der Komet der Sonne kommt. Wenn der Komet die Sonne wieder verlässt, werden die Schweife, die immer von der Sonne weg zeigen, immer kürzer, bis sie verschwinden.

Die Raumsonde *Giotto*, die sich im März 1986 dem Halleyschen Kometen bis auf 600 km näherte und Bilder sowie Proben der abgestrahlten Gase und Teilchen zur Erde zurücksandte, ermöglichte es erstmals, wissenschaftliche Erkenntnisse über den Kern eines Kometen zu gewinnen. In Sonnennähe schmilzt das Eis, die äußere Kruste des Kerns bricht auf und Staub und Gas entweichen in Form einer Wolke, die man die Koma nennt. Dicht bei der Sonne wird diese Wolke vom Sonnenwind zurückgedrängt, so dass zwei Schweife entstehen.

Glossar

Asteroiden Klumpen aus Gestein oder Metall, die um die Sonne kreisen. Die Größe der Asteroiden reicht von winzig klein bis zu knapp 1000 km Durchmesser. Die meisten Asteroiden des Sonnensystems befinden sich im so genannten Asteroidengürtel zwischen Mars und Jupiter.

Atmosphäre Die äußere Gashülle, die einen Planeten, Mond oder Stern umgibt.

Atom Die kleinste Einheit eines Elements. Natürliche Elemente, die chemisch nicht weiter aufgespalten werden können, bestehen meist aus Atomen derselben Art. Atome haben einen Kern, der aus Protonen und Neutronen besteht, und einer Hülle aus Elektronen.

Dichte Das Verhältnis von Materiemenge zu Volumen. Je dichter die Atome gepackt sind, desto größer ist die Dichte.

Ekliptik Die Ebene der Umlaufbahn der Erde um die Sonne.

Exzentrizität Das Maß, in dem eine Ellipse von der Kreisform abweicht. Auf stark exzentrischen Umlaufbahnen entfernen sich Planeten weit von der Sonne.

Galaxienhaufen System von etlichen tausend Galaxien. Im Universum existieren Milliarden von Galaxien.

Galaxis (auch Galaxie) Riesiges System aus bis zu einigen Milliarden Sternen, Planeten, Gas und Staub.

Gravitation Die Schwerkraft oder gegenseitige Anziehungskraft von Körpern im Weltraum. Je größer die Masse (oder Materiemenge) eines Körpers, desto größer ist seine Schwerkraft. Die Gravitation hält die Planeten auf ihrer Umlaufbahn um die Sonne und den Mond auf der Erdumlaufbahn.

Komet Ein aus Staub und Eis bestehender Himmelskörper, der sich um die Sonne bewegt. Bei der Annäherung an die Sonne bilden sich eine Wolke aus Gas und Staub, die Koma, und zwei sehr lange Schweife, die von der Sonne weg weisen.

Krater Mulden in der Oberfläche von Monden, Asteroiden und Planeten, verursacht durch Meteoriteneinschläge.

Lava Gesteinsschmelze (Magma), die bei Vulkanausbrüchen an der Oberfläche eines Planeten oder Mondes ausgetreten und erstarrt ist.

Magnetfeld Der Raum in der Umgebung eines Magneten. Ein Magnet hat zwei Pole, die durch Feldlinien unterschiedlicher Stärke und Richtung verbunden sind. Die Sonne, die Erde und einige andere Planeten haben ein Magnetfeld.

Meteorit Ein Meteoroid, der auf die Oberfläche eines Planeten oder Mondes stürzt.

Meteoroid Ein kleiner Körper aus Gestein oder Metall, der sich im Sonnensystem bewegt. Viele Meteoroiden sind Fragmente ehemaliger Asteroiden.

Molekül Kleinster Teil einer reinen Substanz, der aus mindestens zwei Atomen besteht und noch die chemischen Eigenschaften der Substanz besitzt.

Mond Ein kleinerer Himmelskörper auf einer Umlaufbahn um einen Planeten, auch Trabant oder natürlicher Satellit genannt.

Orbit Die runde oder elliptische Bahn, auf der sich ein Himmelskörper um einen anderen bewegt. Der Mond befindet sich auf einem Erdorbit, die Erde auf einem Sonnenorbit.

Planet Ein kleinerer Himmelskörper auf einer Umlaufbahn um einen Zentralstern. Planeten strahlen kein Licht ab, sondern reflektieren das Licht ihres Zentralsterns.

Planetesimale Große Ansammlungen von Materie, die in der Entstehungsphase des Sonnensystems um die sich bildende Sonne kreisten. Staub- und Gesteinsfragmente kollidierten und lagerten sich zu gewaltigen, rotierenden Scheiben zusammen, den Planetesimalen. Diese kollidierten miteinander und bildeten zuletzt die neun Planeten des Sonnensystems.

Raumsonde Ein unbemanntes Raumfahrzeug zur Erkundung anderer Planeten und deren Monde im Sonnensystem.

Silikatgestein Eine Gruppe von Mineralien (chemischen Substanzen), aus denen die überwiegende Mehrzahl des Gesteins im Inneren der Planeten und ihrer Monde bestehen.

Sonnensystem Unser Sonnensystem besteht aus der Sonne, den neun Planeten und ihren Monden sowie aus Kometen, Asteroiden, Meteoroiden und interplanetarer Materie.

Sonnenwind Der von der Sonne ausgehende Strom aus atomaren Teilchen (hauptsächlich Protonen und Elektronen).

Stern Eine leuchtende Gaskugel im Weltraum, in deren Innerem Kernreaktionen ablaufen, durch die Energie freigesetzt wird. Diese Energie wird als Licht und andere Strahlung von der heißen Oberfläche abgegeben. .

Strahlung Wärme-, Licht- und andere Energiestrahlen.

Treibhauseffekt Erwärmung der oberflächennahen Schichten der Erde oder eines Planeten, die dadurch entsteht, dass die kurzwellige Sonnenstrahlung die Atmosphäre ungehindert passieren kann, während die von der Oberfläche zurückgestrahlte langwellige Infrarotstrahlung abgeblockt wird.

Universum Der Weltraum und alle darin befindliche Materie.